讲给孩子的
基础科学 09

创造世界的
原子

[韩] 崔美华 著　[韩] 阿米巴鱼 绘

程金萍 译

中信出版集团 | 北京

图书在版编目（CIP）数据

创造世界的原子 / (韩) 崔美华著 ; (韩) 阿米巴鱼
绘 ; 程金萍译 . -- 北京 : 中信出版社 , 2023.5
（讲给孩子的基础科学）
ISBN 978-7-5217-5243-4

Ⅰ.①创… Ⅱ.①崔… ②阿… ③程… Ⅲ.①原子–
儿童读物 Ⅳ.① O562-49

中国国家版本馆 CIP 数据核字 (2023) 第 021873 号

创造世界的原子
（讲给孩子的基础科学）

著　　者：〔韩〕崔美华
绘　　者：〔韩〕阿米巴鱼
译　　者：程金萍
出版发行：中信出版集团股份有限公司
　　　　　（北京市朝阳区东三环北路 27 号嘉铭中心　邮编　100020）
承 印 者：北京瑞禾彩色印刷有限公司

开　　本：889mm×1194mm　1/24　　印　张：48　　字　数：1558 千字
版　　次：2023 年 5 月第 1 版　　印　次：2023 年 5 月第 1 次印刷
京权图字：01-2022-4476
审 图 号：GS 京（2022）1425 号（本书插图系原书插图）
书　　号：ISBN 978-7-5217-5243-4
定　　价：218.00 元（全 11 册）

出　　品：中信儿童书店
图书策划：火麒麟
策划编辑：范萍　王平
责任编辑：谢媛媛
营销编辑：杨扬
美术编辑：李然
内文排版：柒拾叁号工作室

水是由什么构成的？

空气是由什么构成的？

足球是由什么构成的？

为什么大块的木头可以浮在水上，

小小的曲别针却会沉入水底？

为什么金属那么硬，橡胶却那么软？

今天，

我——"原子"，将为你解密原子的世界，

带你了解物质的特性和变化！

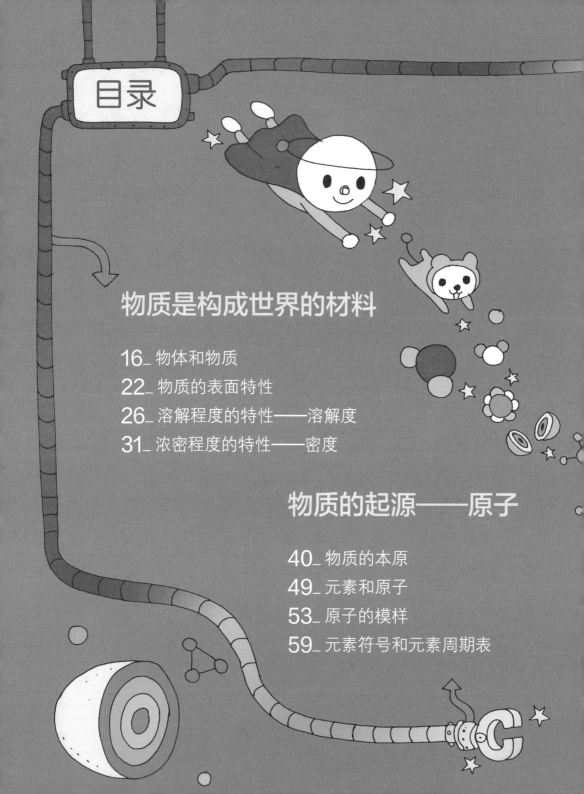

目录

物质是构成世界的材料

物质的起源——原子

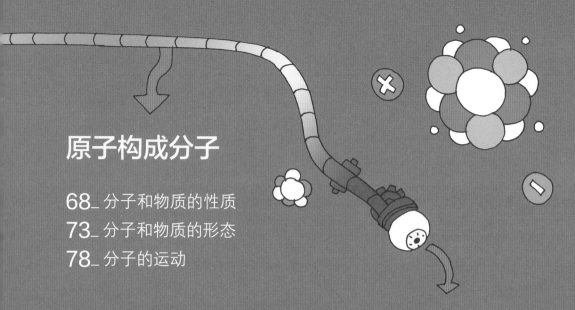

原子构成分子

物质的变化

我们周围充满了各种各样的物质，
其种类多得数也数不清。
就像我们的衣食住行，
这一切都离不开物质。

不过，

如果可以随心所欲地转换各类物质，
世界会变成什么样子呢？

金属变成橡胶，原来有这么多好处啊！

橡胶果然比金属好。

啊！橡胶被太阳熔化啦！车门黏糊糊的，根本就打不开。

黏糊！

瘫软！

车身碰到尖锐的东西，一下就被扎破了！

一会儿变大，一会儿缩小，样子变得好奇怪啊！

熊熊燃烧……

啊！

有的橡胶太易燃了！

原来，橡胶也有缺点啊！

百变科学博士，
变身为原子！

大家好！我的名字叫"原子"，

"atom"是我的英文名字。

我存在于世界的各个角落，

水、空气、广袤的宇宙中，都有我的身影。

我非常微小，小到超出人们的想象。

不过，你可不要因为我长得小巧就无视我哟。

我本领高强！你问我能做什么？

要想知道答案，就要先了解物质。

大家和我一起，先去探索物质世界吧。

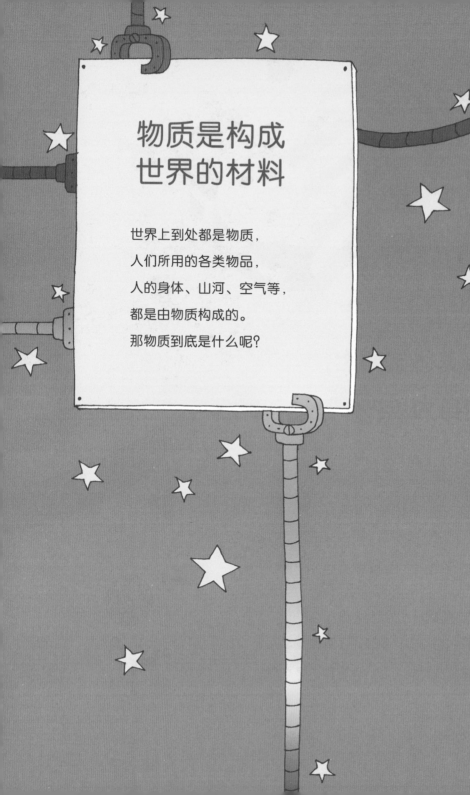

物质是构成
世界的材料

世界上到处都是物质，
人们所用的各类物品，
人的身体、山河、空气等，
都是由物质构成的。
那物质到底是什么呢？

物体和物质

　　大家要不要和我玩捉迷藏？从现在开始，大家找一下屋子里藏着的各种物质吧。有人问，我这是在做什么，我当然是要帮助大家了。干什么呢？赶紧找找看吧！什么？大家竟然不知道物质是什么！那好吧，游戏过一会儿再玩，我先来给大家揭示一下物质的真面目。

　　物质是构成世间万物的材料。这个房间里的椅子、铅笔、玩具，还有大家穿的衣服等，全都是由物质构成的。当然，大家的身体也是由很多物质构成的。

有人说自己还是没明白什么是物质，那我再说得详细一点，大家听好喽。

人每天会用到很多东西，比如，玩玩具、用杯子喝水、穿衣服、坐在椅子上、用铅笔在笔记本上写字等。像这样，有某种用途的物品称为物体，就像大家用的椅子、铅笔、玩具、水杯、衣服等，这些都是物体。不过，物体的构成材料各不相同。椅子用木头、铅笔用木头和石墨、玩具用塑料、衣服用布料等分别制作而成。像这样制作物体的各类材料就是物质。

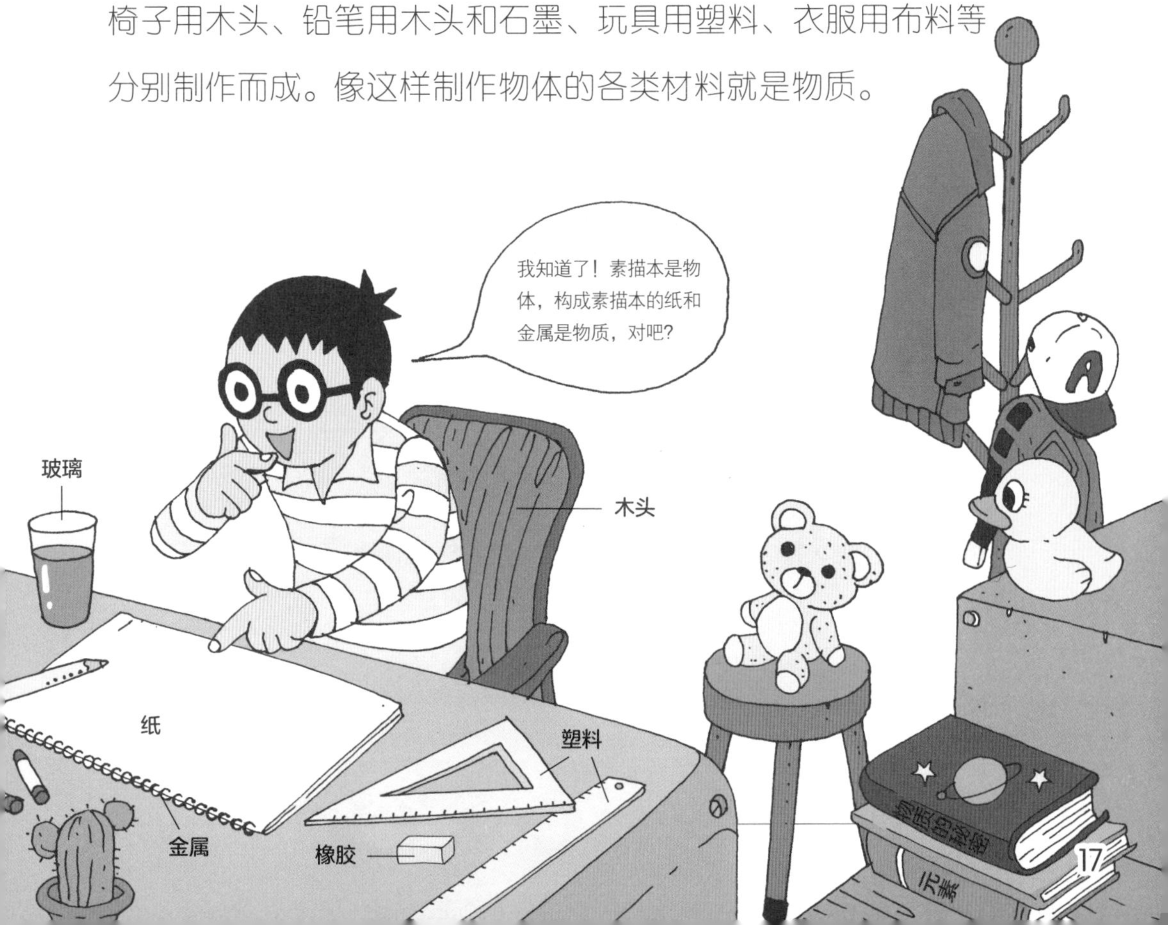
我知道了！素描本是物体，构成素描本的纸和金属是物质，对吧？
玻璃
木头
纸
塑料
金属
橡胶
物质的秘密
元素

物体是为了某种用途而制作出来的物品，物质是构成这些物品的材料。

简而言之，玻璃杯是物体，制成玻璃杯的玻璃则是物质；椅子是物体，制成椅子的木头则是物质。

物质不仅包括身边很容易见到的木头、金属、塑料、橡胶、玻璃，还包括沙子和水泥等建筑材料，以及制作面包用的小麦粉、糖、盐等粉末状材料，还有水、食用油、牛奶等流质性材料。对了，虽然大家肉眼看不到，但空气也是物质。物质的种类实在太多了，我很难一一列举出来。

现在大家知道物质是什么了吗？那就找找自己周围隐藏的物质吧。哇，大家找到了这么多啊！

我还想讲点关于物质的故事，大家还想听吗？大家生活中所需要的一切东西都是由物质构成的。不过，很多物体都不是由一种物质构成的，大多数物体都用到了多种物质。大家可以想象一下剪刀，剪刀的把手是由塑料制成的，刀刃则是由金属制成的。

此外，同一种物质可以制作出千差万别的物体。比如，木头可以做成桌子，也可以做成椅子。用途不同，制作出来的物体也是五花八门。

　　而不同的物质也可以制作出同样用途的物体。大家可以去厨房把柜子里的杯子全都拿出来看看。玻璃杯、纸杯、塑料杯、金属杯、陶瓷杯……怎么样？虽然都是用来喝水的杯子，但所用的物质却不同吧？用不同的物质制作水杯，是因为不同物质的优缺点不一样。

大家去垃圾分类的地方看一看就会发现，同一种物质可以制作出很多种物体。

玻璃

塑料

木头

橡胶

金属

纸

玻璃杯是透明的，可以让我们清晰地看到杯子里装的是什么，不过很容易碎；塑料杯摔在地上不会碎，轻便易携带，但倒入热水可能会变形；金属制成的杯子结实坚固，不易被打碎，但装入热东西时会快速变热，有些烫手。

由此可见，制作物体所用的物质决定了物体的用途和优缺点。

因此，人们制作物体时，会选用最适合其用途的物质。物质的性质各不相同，人们制作各类物体时会充分发挥物质的性能优势。下面，我们一起来看看各类物质的不同性质吧。

21

物质的表面特性

    各类物质都具有独特的性质。不同物质的颜色、触感、坚硬程度、弯曲程度、密度等都各不相同。物质的固有性质称为物质的特性。

    例如，金属是坚硬的、表面光滑的、有光泽的物质，铁、铜、金等都是金属。可以说，有光泽是金属特有的属性之一。反之，木头没有金属般的光泽，表面却有纹理。而且，木头不像金属摸上去那么凉。金属和木头的触感不同，表面的纹理也不一样。

    了解了物质的特性，就可以针对它们的特性制作各种用途的物体，还能根据种类来区分各种物质。

    那物质的特性包含哪些方面呢？大家已经了解了物质的特性，在生活中也会经常观察到它们的特性。有人说自己没有这样的经历，不会吧。当发现自家餐桌上放着一些未知的物质时，大家会怎么做？肯定会觉得好奇，会看一看、摸一摸，还会闻一闻吧？如果实在是太好奇，有人甚至还会尝一尝呢。

    没错，大家做的这些事情就是在观察物质的特性。颜色、气味、味道、触感、硬度、柔软度等，这些是最容易用来辨别物质特性的。这些特性从物质表面就可以轻松辨别，所以被称为"表面特性"。这些特性人们通过感觉和简单的工具就能轻松辨别出来。

	盐	糖
颜色	白色	白色
气味	无	无
味道	咸	甜

盐和糖都是白色细颗粒状物质，很难一眼就分辨出来。不过，用手摸一下会有不同的感觉，二者味道也不同，分辨这些就可以区分啦。

这种粉末到底是什么？

利用表面特性来区分物质是最常用的方法，不过这种方法也有缺点。比如，两种相似的物质很难准确地分辨出来，通过闻气味、尝味道的方式辨别物质时，如果物质是有毒的，还会很危险。而且，有些物质触摸起来也会很危险。例如，家里使用的漂白剂、工厂里所用的苯等，这些物质都会损伤人的皮肤，一旦有毒物质被皮肤吸收，还会引发疾病。因此，发现未知物质时，大家不要随便尝、闻味道，或者随意触摸。

那么，通过表面特性很难区分的物质应该如何辨别呢？是通过测量物质的体积和重量吗？叮！答错了。前面我们讲过，物质的特性是物质的固有性质。所以，物质一旦具有某种特性，不管物质的数量有多少，这种特性都不会改变。这是什么意思

呢？杯子里盛的水无论多少，水的颜色、气味、味道都不会改变，对吧？像这样，同一种物质无论数量有多少，都不会变化的性质才能算物质的特性。

如果数量不同，同一种物质的质量、体积、宽度、长度等也会不同，这些属性则不属于物质的特性。

有人可能还是搞不清楚。那大家想一想我提出的这个问题。质量为 10 克的物质是什么？其实，这个问题的答案可以是所有的物质。质量是物质的量的量度，有的物质只需一点点就可达到 10 克，有的物质需要很多才能达到 10 克。所有的物质都可以达到 10 克的状态。因此，质量不属于物质的特性。体积、宽度、长度、温度也一样。

那么，物质的特性只有表面特性吗？不，除了表面特性，物质的特性还有很多种。比如，溶解度、密度、沸点、熔点等，这些都是物质的特性。是不是有很多大家都是第一次听到？这些词比较陌生，理解起来很难，不过听完我的解释，大家就会马上理解的。我会跟大家慢慢说明，不用太担心哟。首先，我们来了解一下什么是溶解度。

溶解程度的特性——溶解度

大家面前放着盐、糖和面粉这三种物质。这三者该如何区分呢？有人说尝一下就知道了，答对了！盐是咸的，糖是甜的，面粉不咸也不甜，因此尝一下味道就能轻松分辨出来。此外，用眼睛观察，或者触摸的方式，也很容易进行区分。不过，除了这些表面特性，还有什么其他方法来辨别吗？当然有了。大家可以将这些物质——放入水中，盐和糖会很快溶化，面粉却不会。

把盐或糖放入水中，溶化后水是透明的，把面粉放进水中，面粉不会溶化，水看起来变浑浊了。这样一来，大家就能轻松分辨出面粉了吧？

盐或糖在水里溶化的现象称为溶解。溶解是指一种物质以分子或离子等状态均匀分散到另一种物质中形成溶液的过程，就像盐（以钠离子和氯离子的形式）或糖（以分子的形式）均匀地分散到水中一样。此时，像水这样溶化其他物质的物质称为溶剂，像盐或糖这样被溶剂溶解的物质称为溶质。溶剂和溶质均匀混合在一起的物质称为溶液。盐水或糖水就是溶液。而面粉、炒面等不会溶于水，因此不能称为溶液。

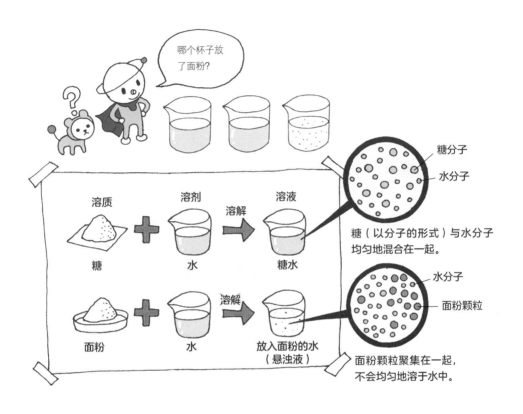

面粉放入水中可以很容易地分辨出来，但盐和糖都溶于水，该如何分辨呢？下面，大家按照我说的做。这个实验很简单，大家不要觉得麻烦，动手做一下吧，这样才能加深记忆。

区分盐和糖的实验

准备物品：

　　两个同样大的透明水杯、两个同样大的勺子、水、盐、糖。

实验步骤：

　　1. 两个水杯中放入同样多的水。

　　2. 将一勺盐放入一个水杯中，不停搅拌直至完全溶解。

　　3. 将一勺糖放入另一个水杯中，不停搅拌直至完全溶解。

　　4. 全都溶化后，在两个水杯中再分别放入一勺盐和一勺糖，不停搅拌直至完全溶解。全都溶化后，重复刚刚的步骤。

5. 一直重复步骤 4，直至二者不再溶化，沉于水杯底部。当杯底出现不再溶化的溶质时，停止加放溶质。

实验结果：

刚开始，盐和糖会很快溶解。不断加入几次后，盐会先沉入杯底，不再继续溶解；糖会继续溶解，最终也会在杯底沉积。

为什么会出现这样的结果？

不同的物质在水中溶解的程度是不同的。有的物质很容易被水溶解，有的物质不会溶于水。盐比糖更快沉积在杯底，是因为盐溶于水的量比糖溶于水的量少的缘故。糖溶于水的程度是盐的 5.7 倍左右。假设在 20℃的 100 克水中，盐可以溶解 36 克左右，糖则能溶解 204 克左右。

像这样，盐在水中溶解时，会慢慢达到溶解的最大程度。这时，盐便不会再溶解了。这个最高的溶解量称为溶解度。溶解度就是某种溶质在 100 克溶剂中最大程度的溶解量。

不同物质的溶解度各不相同，因此可根据溶解度来区分各类物质。

不过，测定溶解度时要注意一点：即使是同一种物质，在不同温度的溶剂中，溶解度也会有差别。像盐或糖之类的粉状物质，水温越高，溶解度就越大。也就是说，盐或糖在热水里比在冷水里溶解得更多。100克水，当水温达到100℃时，盐可以溶解40克左右，糖则可以溶解485克左右。比起20℃的温水状态，糖的溶解量是之前的2倍多，也就是溶解度增加至2倍以上。因此，对比不同物质的溶解度时，需在相同的水温中进行测定。

浓密程度的特性——密度

　　现在，我要问大家一个简单的问题：请说出木头具有的两个特性。怎么，不知道？哎呀，大家不要这么轻易就放弃啊。前面我不是跟大家讲过木头的性质了吗？大家再想想看。很结实、有纹理、有独特气味、可以燃烧、可以浮在水面上……看吧，木头的性质是不是有很多啊？

　　正如大家刚刚说的，木头具有可以浮在水面上的特性，金属具有沉入水底的特性。这是为什么呢？难道是因为木头轻，

并不是重的物体就会沉入水底。

没错，小小的曲别针很轻，但也会沉入水底！

金属重吗？当然不是，很大很沉的木头也可以浮在水面上，很小很轻的曲别针也会沉入水底。因此，很轻的物体会漂浮在水面上这种说法是不准确的。严谨来说，是木头的密度比水的密度小，所以木头才会浮在水面上。这种表达方式是不是听起来很专业？现在，大家是不是对密度很好奇？

$$密度 = \frac{质量}{体积} = 质量 \div 体积$$

密度的单位是 kg/m³（读作"千克每立方米"），或 g/cm³（读作"克每立方厘米"），或 g/mL（读作"克每毫升"）。

　　密度表示的是物质构成的紧密程度。简而言之，通过物质的密度可以看出物质是相对重一些，还是相对轻一些。

　　物质的密度是物质的质量除以体积得出的数值。体积指的是物质所占空间的大小，质量是对物质的量的度量。大家读取密度、体积、质量的值时，本应带着各自的单位，不过由于太过复杂，如今读起来大都进行了简化。

木块的体积为长、宽、高的乘积。

接下来，我要亲自计算一下密度。有人肯定会纳闷，这里怎么还有数学运算？大家不用害怕，其实很简单。这里有一块体积为 100 立方厘米（cm³）、质量为 70 克（g）的木块。

要想计算木块的密度，需要用质量除以体积，也就是 70 除以 100 等于 0.7。即，这块木块的密度为 0.7 克 / 厘米³。

如果将木块分成相同的两块，那密度会有什么变化呢？将木块平均分为两块，体积和质量都会减半。这样一来，密度也会变成原来的一半吗？

我们再来计算一下吧。木块的体积

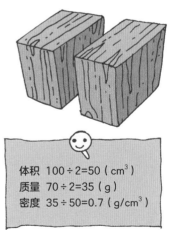

体积 100÷2=50（cm³）
质量 70÷2=35（g）
密度 35÷50=0.7（g/cm³）

减半后变为 50 立方厘米，质量减半后变为 35 克。这时，用质量除以体积，结果是 0.7，被均分为两半的木块密度是 0.7 克 / 厘米^3。怎么样？体积和质量全都减半的情况下，密度没有变化，对吧？也就是说，相同的物质不管体积和质量是增加还是减少，密度都是不会变的。因此，密度是物质的主要特性之一。

密度是物质的一种特性，与质量、体积等因素无关。

物质不同，密度也各不相同。相对来说，相同体积的情况下，密度大的物质比密度小的物质更重一些。如果将两种不相互混合的物质放入同一个水碗中，会发生什么现象呢？

大家可以想一想玩跷跷板的情形。你和比你重很多的爸爸一起压跷跷板，爸爸的一端会落下去，你所在的一端会翘起来。相反，如果你和比自己轻很多的弟弟一起玩，你这一端会落下去，弟弟那一端会翘起来。物质的密度也是同样的道理。

密度不同的两种物质放入同一个水碗中，下沉的物质密度更大，上浮的物质密度更小。

木头的密度 < 水的密度 < 铁的密度

举例来说，将两个相同体积的木块和铁块放入水中时，木块会浮在水面上，铁块会沉入水底。由此可见，木头的密度比水的密度小，铁的密度比水的密度大。

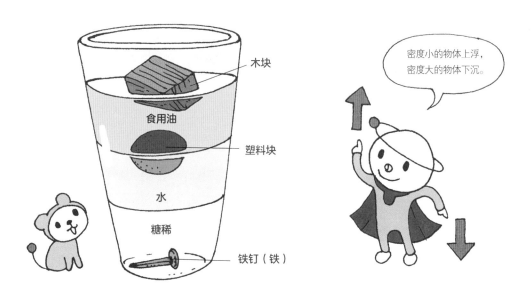

木块

食用油

塑料块

水

糖稀

铁钉（铁）

密度小的物体上浮，密度大的物体下沉。

大家观察一下前面的图中每个物体所在的位置，其中木块在最上面，铁钉在最下面。这意味着木头的密度比其他物质的密度小，构成铁钉的铁的密度比其他物质的密度大。通过对比各个物体的位置，我们可以得出这些物质的密度排序为：木头 < 食用油 < 塑料 < 水 < 糖稀 < 铁。

接下来，我们来对比一下这些物质的实际密度吧。大家还记得刚才我计算过的木块的密度吗？将那个木块放入水中，会上浮还是会下沉呢？木块的密度是 0.7 克 / 厘米^3，水的密度是 1 克 / 厘米^3。木块的密度比水的密度小，因此，木块会浮在水面上。那将密度大于 1 克 / 厘米^3 的物质放入水中会怎么样呢？当然会沉入水底。

比水的密度小的物质会浮在水面上，比水的密度大的物质会沉入水底。

其实，类似木头、塑料这样的物质，密度小于水的密度（1 克 / 厘米^3），因此会漂浮在水面上。而金属物质密度则较大。铁的密度为 7.9 克 / 厘米^3，远高于水的密度，因此会沉入水底。这才是木头浮在水面而金属会下沉的真正原因。

如今，大家知道物质不同，其性质也不同了吧？有的物质像木头一样有纹理，有的物质像金属一样有光泽，有的物质密度大，有的物质密度小，有的物质易溶于水，有的物质不溶于水……

世界是由各种各样的物质构成的，构成物质的不同决定了不同物体性质及特性的千差万别。要想了解自己周围的世界是如何构成的，大家首先要了解物质。既然物质都各不相同，那我们一起去了解一下其中的根源吧。

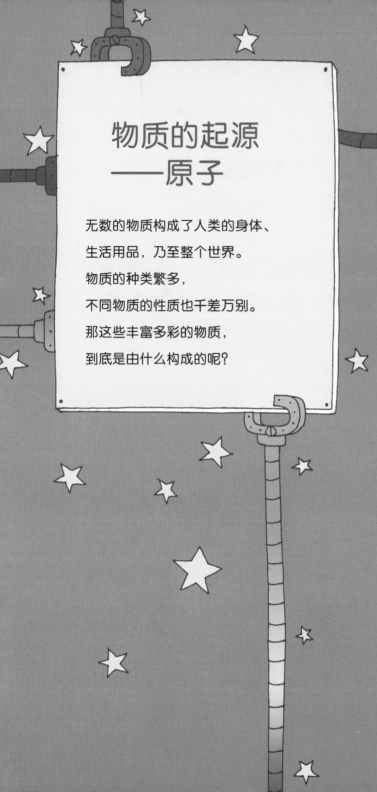

物质的起源
——原子

无数的物质构成了人类的身体、

生活用品，乃至整个世界。

物质的种类繁多，

不同物质的性质也千差万别。

那这些丰富多彩的物质，

到底是由什么构成的呢？

物质的本原

　　我们生活的世界由无数的物质构成。物质的种类繁多，其自身的性质也是五花八门。即便是同一种物质，也可能会有多种性质，比如坚硬、易划伤、易燃……

　　那么，构成这个复杂世界的物质到底是由什么构成的呢？大家难道不好奇吗？其实，过去就有人有过这样的疑惑。

　　在很久以前，人们大都相信这个世界是由神创造的。最开始，神创造了世界上各种各样的物质，并让这些物质具有各自不同的性质。

　　不过，在公元前 600 年左右，也就是大约 2 600 年前，古希腊哲学家泰勒斯认为世界上存在构成世间万物的最根本的物质，他提出了构成物质的根本材料——元素的概念，并主张"水是世界上一切物质的本原"。虽然泰勒斯的观点后来被证实是错误的，但正是因为泰勒斯的主张，人们才开始深入讨论和探索物质到底是如何形成的。

我们一起去看看古人的想法吧！

公元前 600 年左右，古希腊哲学家泰勒斯提出"水是万物的本原"。虽然这种主张现在看来有些荒谬，但对当时泰勒斯生活的时代来说，这种想法并不奇怪。

所有的生命都离不开水，因此水是生命之源。

水煮开后会沸腾，然后会变成空气。

水长时间沸腾后，会在碗底生成尘土。

将水长时间静置，里面会生出虫子。

水能生成空气、尘土和生命。所以水是万物的本原。

这种想法真是了不起！

我完全搞不懂。

公元前 500 年左右，有人认为"万物的本原是空气或火"。虽然这种主张也是错误的，但当时人们对物质一无所知，所以这种想法的产生就不足为奇了。

万物的本原是空气。空气变得稀薄后会形成火，而空气浓厚时会形成水、尘土和石头等东西。

万物的本原是火。火在燃烧后熄灭的过程中会产生尘土、水和空气。

争 论

古希腊的哲学家各执己见，不过他们都认为世间万物的本原只有一种元素。这种元素会在不同的条件下产生各种各样的物质。后来，到了公元前 450 年左右，恩培多克勒提出了"一切物质都由水、火、土、气等四种元素构成"的观点。

万物的本原并不是只有一种元素。一种元素怎么能构成一切物质呢？那世间万物之源到底是什么呢？

树木点燃后会形成火、烟雾（气）和湿气（水），完全燃烧后会生成灰烬（土）。

没错，树木就是由火、气、水和土构成的。

元素之间存在爱和憎两种力量。爱的力量可以将各元素融合，而憎的力量可以让各元素分离。物质就是在这个过程中形成和消失的。

万物都是由水、火、土和气四种元素构成的。

这肯定是他提出的新理论。

恩培多克勒的观点好像是对的。

真不愧是伟大的学者！

爱

憎

人们将恩培多克勒的主张称为四元素说。其实，四元素说根本没有任何科学依据，但当时的人们大都认可恩培多克勒的主张，因为这个理论可以解释现实生活中的很多现象。但在 50 年后的公元前 400 年左右，德谟克利特提出了新的主张，他认为"世间万物都是由大量的不可分割的微粒构成的"。

像这样，世间万物不停地分割，最后会变成再也无法分割的微粒。这些微粒称为"原子"。

将苹果不停地分割，会变成很小的苹果块。这样继续不停地分割，最终会变得再也无法分割。

"原子"的英文"atom"一词源自希腊文"atomus"，意思是"不可分割"。

德谟克利特虽然首次提出了原子的概念，但人们对他的观点并不认同。与恩培多克勒的四元素说相比，德谟克利特的主张看起来更加荒诞。而且，亚里士多德发展了四元素说，认为水、火、土和气四种元素融合了热、冷、湿润和干燥四种性质，并由此产生了各类物质。这样一来，德谟克利特的主张就更没人相信了。

据说世界上的物质都是由原子构成的，是真的吗？

不是，不管多小的微粒都可以被继续分割，所以原子是不可能存在的。

不是！

那物质到底是由什么构成的呢？

世间万物都是由水、火、气和土四种元素构成的。宇宙是由一种更加完美的元素——以太构成的。

水、火、气和土分别具有两种特性。水具有冷、湿润的特性，火具有热、干燥的特性，气具有热、湿润的特性，土具有冷、干燥的特性。

四种元素和四种特性按照适当的比例相互融合，从而形成各类物质。

因此，元素所具有的其中一个特性改变后，就会变成另外一种元素。

将水加热使其沸腾，水具有的冷的特性会变为热。因此，水会变为气。

将水放在碗中长时间静置，水具有的湿润的特性会变为干燥。因此，水会变为土。

热的特性（气）
↑
冷的特性（水）

湿润的特性（水）→ 干燥的特性（土）

亚里士多德的观点虽然没有任何科学依据，但人们却认为他的观点可以更好地解释各类自然现象。而且，亚里士多德还是著名的哲学家，因此人们在2000多年里一直认可他的观点。尤其是物质转化的说法，为后来炼金术的繁荣发展奠定了基础。

你听说了吗？物质内部有四种元素，只要改变这些元素的特性或数量，一种物质就会转变成其他物质。

真的吗？那用铁、铜等廉价的金属也能做出金子啊。

什么，用铁来制作金子？

将铁在火上熔化后，再进行适当的冷却，如果加上一些其他物质，构成铁的四种元素的特性和数量都会变化，这样就能变成金子了。这不是你说的吗？

听起来好有道理啊，我现在就回去试试。

嗒嗒嗒！

我还有事，先走一步！

为了用廉价的金属制作金子，炼金术士做了大量的实验。通过这些实验，他们发现了许多物质的特性，还意外发现了很多新的物质。

我不能放弃，只要继续努力，肯定会变成金子的。

快点变成金子吧！

要想制作更多的金子，就需要更多的材料。我必须收集材料。

这次又失败了，到底怎样做才能变成金子呢？

这一次不用铁了，试一下铜吧。

随着时间的推移，17世纪出现了一个否认亚里士多德主张的人，那就是英国科学家玻意耳。玻意耳在1661年写了一本书，提出所有物质经过分解，结构会越来越简单，最终会得到再也无法分解的最原始的简单物质，那就是元素。

土、水、火和气真的是物质之源吗？

也可能不是，毕竟没有科学依据。如果这四种元素真的是物质之源，那肯定能用实验进行证明。

元素是构成所有物质的最简单的物质，无法再继续分解而形成其他更简单的物质，因此不可能是混合物。

就是这样，要想知道某种物质是不是元素，就要试一试这种物质还能否继续分解为更简单的物质。

空气中混杂着很多种物质。因此，空气不是元素，亚里士多德的观点是错的。

45

玻意耳最先提出了科学意义上的元素概念，在此基础上，人们开始对物质进行科学性探索。对玻意耳提出的元素概念进行详细诠释的人，正是法国科学家拉瓦锡。拉瓦锡通过实验，证明了水是由氧元素和氢元素构成的。也就是说，水并不是构成物质的基本元素。这也证明了亚里士多德的观点是错误的。此外，他还发现，氧元素和氢元素无法继续分解为其他物质。因此，他认为氧元素和氢元素才是真正的元素。

拉瓦锡于 1789 年在自己的书中写道："用任何办法都无法再分解的物质就是元素。"他通过大量的实验，发现了 33 种元素。当然，其中也涵盖了并不是物质的热、光等，还混杂了一些物质而非元素。尽管如此，他为元素的系统化做出了巨

元素是无法再进行分解的物质。

大贡献，的确是位了不起的科学家。

最终，科学家发现物质是由多种元素构成的，但这并没有结束，科学家又发现了新的问题：那万物之源——元素又是由什么构成的呢？

英国科学家道尔顿找到了这个问题的答案。道尔顿于1803年发表了原子说，他认为所有的物质都是由无法再进行分割的微粒——原子构成的。

原子无法被继续分割。

元素不同，原子的种类也各不相同。相同元素的原子，其大小、质量和特性都是相同的。

原子不会产生或消失，也不会转变为其他元素的原子。

原子聚集在一起会形成物质。

这就是我——道尔顿提出的原子说。

一直到了道尔顿，元素和原子才算"扯上了关系"。也就是那时，大家才发现了我——原子的存在。原本人们只把注意力放在元素身上，足足过了2 400年左右才发现了原子的存在。当然，在公元前400年左右，德谟克利特曾经提过原子的存在，但对原子进行系统说明的第一人是道尔顿。

　　后来，一代又一代的科学家不断努力研究，最终发现了构成物质的各类元素的本质。世界上所有物质的构成元素共有110余种，其中的20多种元素构成了大部分的物质，比如大家所熟知的碳、氧、氢、铁、铜等元素。大家身边各种各样的物质基本上都是由这20多种元素构成的，是不是很神奇？

元素和原子

人们从很久以前就开始对物质的构成感到非常好奇。正是因为先辈们的不断努力,如今大家才会知道我——原子的存在。

前面我们讲过物质是由元素构成的，如今又说物质是由原子构成的，大家是不是有些糊涂了？没错，的确很容易混淆。

接下来，我将以水为例，为大家解释一下原子和元素到底是什么关系。水被分解后，会产生氧气和氢气。因此，我们可以得出：构成水的成分是氧和氢。这些成分称为元素。

那原子又是什么呢？简而言之，原子是物质中保持元素特性的最小微粒。原子的种类很多，具有相同质子数的原子被归在一起称为某元素。氧元素、氢元素这些名称的由来就是为了区分不同种类的原子。

有人说还是没有完全明白，那我们想象一下动物园吧。动物园里有狮子、长颈鹿、大象等很多种动物。其中，狮子表示的是一种动物，也就相当于一种元素，而狮群中的每一只狮子代表的就是原子。

原子是物质中保持元素特性的最小微粒，元素表示的是原子的种类。

水是由什么构成的呢?
我们可以用两种方法来
进行表示。

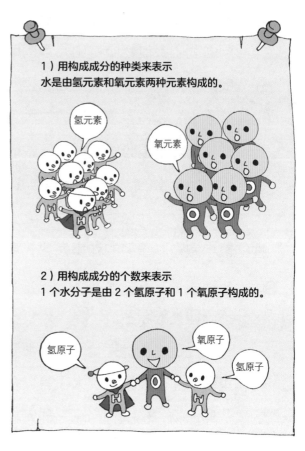

1)用构成成分的种类来表示
水是由氢元素和氧元素两种元素构成的。

2)用构成成分的个数来表示
1 个水分子是由 2 个氢原子和 1 个氧原子构成的。

这里有三个盆，里面装有不同种类的球。大家把这三个盆分别想象成某种物质，则紫盆、红盆、蓝盆便是各不相同的物质。那分别装在盆里的球又是什么呢？

没错，这些球就是原子。每个球就是一个原子，乒乓球、棒球、足球，这些名称表示的是球的种类，也就是元素。紫盆是由乒乓球元素和棒球元素构成的，红盆是由棒球元素和足球元素构成的，蓝盆只由足球元素构成。

大家仔细观察一下紫盆，里面装着数十个球，其中有属于乒乓球元素的多个乒乓球原子，还有属于棒球元素的多个棒球原子。

其中，被称为乒乓球的所有球的大小及质量是相同的。棒球和足球的情况也一样。也就是说，相同种类的球，其大小及质量也相同；不同种类的球，其大小及质量都各不相同。

同理，元素和原子也一样。就像乒乓球元素中的原子都是一模一样的，属于同种元素的原子，其大小、质量、特性等完全相同。元素不同，原子也会各不相同。这是200多年前道尔顿发现的规律。对这位科学家了解得越多，大家是不是越感觉他伟大？

乒乓球元素　棒球元素　　足球元素

现在明白原子和元素之间的区别了吗？不过，人们提到构成物质的成分时，通常会用原子的种类，也就是元素来表示。

原子的模样

大家听了我的故事，是不是对我更好奇了呢？有人问我是什么原子，哇，是不是很好奇？我是氢原子，是原子中最小、最轻的。我们氢原子是宇宙中最多的原子。除了我，还有数不胜数的氢原子存在。那在这么多原子中，该如何将我区分出来呢？其实，大家不需要进行区分，因为我和其他氢原子长得一模一样，质量和特性也完全相同。

包括我在内的所有原子都非常微小，因此采用一般的方法是无法看到的，也很难确认我们的存在。多亏了道尔顿的伟大研究，人们才知道了我们的存在，不过，却很难确认我们的本质。当然，道尔顿也无法通过直接观察或实验的方式来了解我们原子，他的观点也只是一种推测。

很长一段时间以来，人们对我们原子进行过各种各样的推测，并以图画的方式描绘肉眼看不到的原子。这种图画称为原子模型。原子模型可以理解为原子的解剖图。大家观察原子模型就可以了解原子的结构。如果想了解我到底长什么模样，大家就接着往后看吧！

原子模型的变化

道尔顿认为，原子只是一个像球一样圆圆的微粒，也就是说原子长得像皮球一样。

英国物理学家约瑟夫·约翰·汤姆孙认为，原子呈球状，正电荷（＋）均匀地分布其中，带负电荷（－）的微粒一颗颗地镶嵌在这个圆球上，就像散布着葡萄干的面包一样。

汤姆孙的学生卢瑟福认为，原子中央有一个带正电荷（＋）的微粒，周围有若干带负电荷（－）的电子绕核旋转。就像行星以太阳为中心围绕其旋转一样，电子以带正电荷（＋）的微粒为中心做圆周运动。其中，带正电荷（＋）的微粒称为原子核。

玻尔认为，电子在特定轨道上绕原子核做圆周运动。正如地球沿着固定轨道围绕太阳公转一样，电子也是按照一定的轨道绕核运行的。

原子模型由道尔顿首次提出，后来经过了无数次的修改。每当人们有了新的发现，原子模型就会被修改，从而出现新的原子模型理论。

科学家经过反复研究，绘制出了一种新的原子模型——电子云模型。近来，科学家将电子云模型称为最准确的原子模型。经过漫长的岁月，原子模型不断演变，离原子的真实模样越来越近。

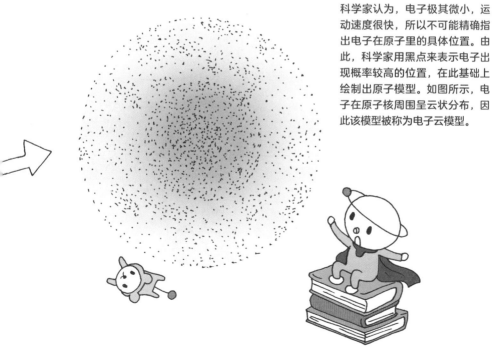

科学家认为，电子极其微小，运动速度很快，所以不可能精确指出电子在原子里的具体位置。由此，科学家用黑点来表示电子出现概率较高的位置，在此基础上绘制出原子模型。如图所示，电子在原子核周围呈云状分布，因此该模型被称为电子云模型。

大家是不是认为原子模型很复杂？下面，我给大家简单说明一下。原子是由质子、中子和电子这样极其微小的粒子构成的。不是说原子是无法再进行分割的微粒吗？其实，原子的分割非常困难，只能在非常特殊的装置——核分裂装置中才能进行分裂。因此，人们便将原子称为无法再进行分割的微粒。

原子是由原子核和电子构成的。

碳原子的结构
碳原子由质子（6个）、中子和电子（6个）构成。

质子
中子] 原子核

电子

和其他原子不同的是，我们氢原子里，有的没有中子。

电子

质子

质子和电子各有6个，看来应该是碳原子。

原子核是由带正电荷（＋）的质子和不带电的中子紧紧结合在一起而形成的。电子是带负电荷（－）的微粒。原子核位于原子中央，电子围绕原子核高速旋转。除了原子核和电子，原子内的其他空间都是空的。

前面我们讲过，同种元素的原子，其大小及特性完全相同，不同元素的原子，其大小及特性各不相同。那原子的不同到底表现在什么地方呢？其实，是质子数的不同。

原子的种类不同，质子的数量也不同。

氢原子有 1 个质子，碳原子有 6 个质子，氧原子有 8 个质子。原子中质子和电子的数量相同。如果原子有 1 个质子，则电子也有 1 个；如果有 6 个质子，则电子也有 6 个。像这样，质子的数量不同，电子的数量也不同，原子的大小、质量和特性等也不同，由此便出现了不同的原子类型。

元素符号和元素周期表

人们用元素来表示原子的种类。迄今为止，我们总共发现了 110 余种元素，也就是说发现了 110 余种原子。其中，有像金、铜、铁这样在数千年前被发现的元素，也有像铝这样在大约 200 年前才被发现的元素。当然，还有一些不是自然存在，而是由人类创造出来的元素。

为了简便地表示种类不同的元素，人们选择了一些符号。这些表示元素的符号称为元素符号。元素符号就是比元素本身的名称更加简便的表示方法。人们绘制地图时，会用符号来简单地表示房屋、山、河流等事物。同理，用元素符号表示元素时，大家也可以一目了然。

首次发明元素符号的人是中世纪的炼金术士。这些炼金术士绘制了一些特殊图案，通过这种独有的方式来表示元素，以防止自身发现的秘法被外人所知。但随着被发现的元素种类越来越多，人们用图案来表示元素的方法也越来越难。因此到了 1813 年，瑞典科学家贝采里乌斯提出利用字母作为表示元素的符号。用这种方式来表示元素，这样每个国家的人都可以轻松理解，元素排列也会更加简单。

通常用元素的拉丁文名称的大写首字母作为元素符号。

比如，氢的元素符号为 H。因为氢的拉丁文名称为"hydrogenium"，因此用首字母 H 来表示氢元素。碳的元素符号为 C，取自碳的拉丁文名称"carbo"。

怎么样，是不是很简单？如果两种元素名称的首字母相同，又该怎么办呢？这真是个好问题。其实，我的朋友钙（拉丁文为 calx）的首字母也是 C。像这样首字母相同的情况，会加入拉丁名称的第二个字母的小写来表示。因此，钙的元素符号为 Ca。

今后，大家在对物质的学习过程中，会遇到很多元素符号。要想理解物质，首先要了解构成物质的原子，要了解原子，就

要了解用来表示原子种类的元素符号，这是最基本的要求。有人肯定会问，这些元素符号需要全部记住吗？大家想一下，如果全都能记住的话，以后的学习会不会更加容易呢？不过，要想记住这些元素符号并非易事。这时，大家就需要元素周期表的帮助了。

元素周期表是将元素按规律排列的表格。所有元素都有各自的特性，通过对这些特性进行分析，会得出元素之间的共同点和不同点。在这些共同点和不同点的基础上，就形成了元素周期表。

利用字母符号表示元素，大家更容易理解，符号的命名方法也简单。

贝采里乌斯

我的元素符号是 H。

Au 金　Ag 银
Fe 铁　Cu 铜

元素周期表

原子序数（原子中质子的数量）
元素符号（表示元素名称的字母符号）
元素名称

	1	2	3	4	5	6	7	8	9
1	1 H 氢								
2	3 Li 锂	4 Be 铍							
3	11 Na 钠	12 Mg 镁							
4	19 K 钾	20 Ca 钙	21 Sc 钪	22 Ti 钛	23 V 钒	24 Cr 铬	25 Mn 锰	26 Fe 铁	27 Co 钴
5	37 Rb 铷	38 Sr 锶	39 Y 钇	40 Zr 锆	41 Nb 铌	42 Mo 钼	43 Tc 锝	44 Ru 钌	45 Rh 铑
6	55 Cs 铯	56 Ba 钡	57~71 La-Lu 镧系	72 Hf 铪	73 Ta 钽	74 W 钨	75 Re 铼	76 Os 锇	77 Ir 铱
7	87 Fr 钫	88 Ra 镭	89~103 Ac-Lr 锕系	104 Rf 𬬻	105 Db 𬭊	106 Sg 𬭳	107 Bh 𬭛	108 Hs 𬭶	109 Mt 鿏

每一纵列叫作一族。

每一横行叫作一个周期。

同一纵列（族）的元素特性相似，因此称为同族元素。

57 La 镧	58 Ce 铈	59 Pr 镨	60 Nd 钕	61 Pm 钷	62 Sm 钐
89 Ac 锕	90 Th 钍	91 Pa 镤	92 U 铀	93 Np 镎	94 Pu 钚

								2 He 氦
		5 B 硼	6 C 碳	7 N 氮	8 O 氧	9 F 氟	10 Ne 氖
		13 Al 铝	14 Si 硅	15 P 磷	16 S 硫	17 Cl 氯	18 Ar 氩
28 Ni 镍	29 Cu 铜	30 Zn 锌	31 Ga 镓	32 Ge 锗	33 As 砷	34 Se 硒	35 Br 溴	36 Kr 氪
46 Pd 钯	47 Ag 银	48 Cd 镉	49 In 铟	50 Sn 锡	51 Sb 锑	52 Te 碲	53 I 碘	54 Xe 氙
78 Pt 铂	79 Au 金	80 Hg 汞	81 Tl 铊	82 Pb 铅	83 Bi 铋	84 Po 钋	85 At 砹	86 Rn 氡
110 Ds 𫟼	111 Rg 𬬭	112 Cn 鿔	113 Nh 鿭	114 Fl 𫓧	115 Mc 镆	116 Lv 𫟷	117 Ts 鿏	118 Og 𬭩
10	11	12	13	14	15	16	17	18

63 Eu 铕	64 Gd 钆	65 Tb 铽	66 Dy 镝	67 Ho 钬	68 Er 铒	69 Tm 铥	70 Yb 镱	71 Lu 镥
95 Am 镅	96 Cm 锔	97 Bk 锫	98 Cf 锎	99 Es 锿	100 Fm 镄	101 Md 钔	102 No 锘	103 Lr 铹

发现元素周期率的人是俄国科学家门捷列夫。1869年，门捷列夫在对当时已经发现的63种元素按照原子量从小到大的顺序进行排列时，发现特性相似的元素会以一定的间隔周期性地出现，他便以此为基础编制了元素周期表。

门捷列夫编制的元素周期表在了解元素特性、发现新元素方面发挥了重要的作用，但遗憾的是，里面有几处内容是错误的。因为这个元素周期表以原子的质量为标准进行排列，因此有些元素的位置排错了。

如今大家通用的元素周期表是1913年英国科学家莫色勒编制的。莫色勒并不是以原子的质量为标准，而是按照原子中质子数量从少到多的顺序对元素进行了排列。莫色勒的元素周期表修正了门捷列夫元素周期表中的一些问题，并一直沿用至今。

大家观察元素周期表，可以清楚地看到所有元素符号，还能轻松了解每种元素的特性，以及元素之间的规则，非常方便。

通过元素周期表可以看出，人类至今发现的元素只有110余种。不过，世界上存在的物质却浩如烟海，多到叫不出名字。

是不是很神奇?

这 110 余种元素能够构成种类繁多的物质，是因为不同种类的原子之间相互结合的方式不同。接下来，我们一起来了解一下原子是如何构成物质的。

原子构成分子

不同种类的原子聚集在一起会形成不同的物质。原子构成物质时有什么规则吗？原子和物质有什么样的关系呢？

分子和物质的性质

　　大家周围最常见的物质之一就是水。地球上所有的生物都离不开水。大家知道吗？如此重要的水也是由原子构成的哟！

　　水是由氢元素和氧元素构成的。两个氢原子和一个氧原子结合后形成一个水分子。分子是原子结合在一起形成的粒子。

　　神奇的是，水分子和氢气分子、氧气分子具有完全不同的特性。氢气易燃易爆，而氧气可以助燃。因此，只要氧气充足，物质就容易燃烧。

　　那水的特性是什么呢？水能灭火。虽然水分子是由氢原子和氧原子结合在一起形成的，但它们的特性却大不同。

　　下面，我们就以做饭时常用的盐为例来看一下吧。盐是由钠元素和氯元素构成的。金属钠遇水时，会燃爆产生火花；氯气有剧毒，会对生命产生威胁。不过，当一个钠原子和一个氯原子结合在一起形成氯化钠，也就是盐分子时，并不会具有这些危险特性，同时还会产生咸咸的味道。

　　从水和盐的例子可以看出，物质的特性并不是由原子决定的，而是由分子决定的。虽然我们是构成物质的微粒，也是构

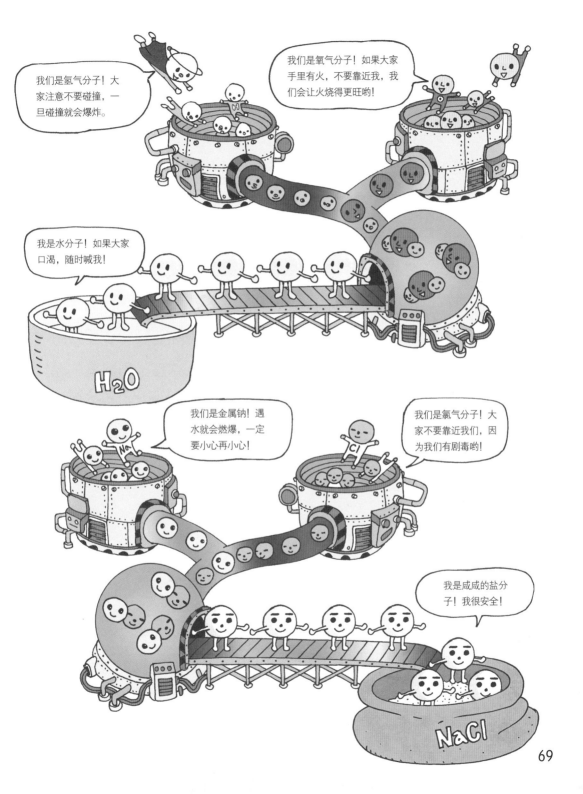

成分子的微粒，但我们原子只具有自身的特性，不具有物质的性质。

分子是保持物质化学性质的最小微粒。

原子在一起形成分子后，分子才能具有固有的性质，分子的性质就是其构成物质的性质。因此，保持物质化学性质的最小微粒是分子。大家一定不要混淆。

分子决定物质的性质，但这并不意味我们原子和物质没有任何关系。因为不同种类的原子，或者不同数量的原子结合，都会产生性质完全不同的分子。比如，2个氢原

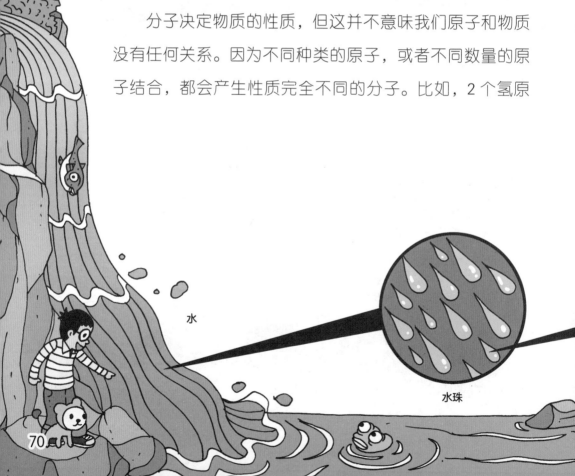

水

水珠

子和 1 个氧原子结合在一起会形成水分子；2 个氧原子和 1 个碳原子结合在一起会形成二氧化碳分子。

此外，即便是同种原子结合，结合原子的数量或者结合形式的不同，也会形成不同性质的分子。比如，2 个氧原子结合可以形成氧气分子，3 个氧原子结合会形成臭氧分子。碳原子以不同的形式结合，会形成石墨或金刚石。

分子模型

氢原子　氢原子

氢气分子

氧原子　氢原子

水分子

氧原子　氧原子

氧气分子

氧原子　碳原子
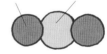
二氧化碳分子

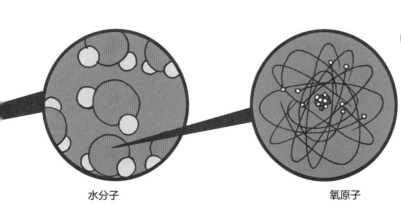

水分子　　　　　　氧原子

原子不具有物质的性质哟！

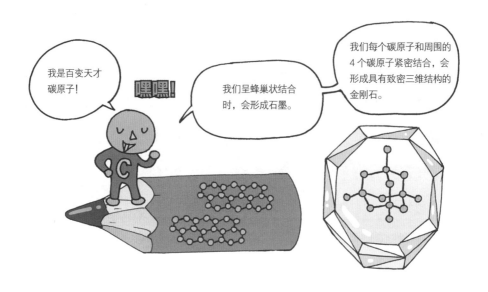

　　不同种类的原子结合，或者同种类的原子采用不同方式进行结合，这样会形成完全不同的分子。正因为这样，为数不多的原子才可以形成各种各样的分子。

　　而且，不同种类的分子相遇时，如果发生化学反应，也会形成全新的物质。因此，世界上才会存在不计其数的物质种类。是不是很神奇？

分子和物质的形态

　　原子结合在一起会形成分子，分子聚集会形成物质。大家了解了这些，便知道了物质世界最大的秘密。有人肯定会问，物质世界还有其他的秘密？当然了。关于物质的秘密还有很多，其中一个便是根据温度和压力的不同，世界上大部分物质会以固体、液体或气体的形态存在。

　　固体、液体和气体这些名词，大家应该都听说过吧？一提到这些词，大家的脑海里可能会浮现出：固体是坚硬的，液体是流动的，气体是看不见的。这些是物质在这三种形态下最常见的特点。下面，我将为大家详细介绍一下固体、液体和气体。

　　固体、液体和气体指的是物质的形态。我们先来看固体，像木头、铁、橡胶、冰块，它们的形状和体积都是固定的。大家通常会认为，固体就是坚硬的东西，那像海绵这样柔软的物质，像盐或沙子这样的细颗粒状物质算不算固体呢？没错，这些也是固体！将固体形态的物质放入容器中，物质的形状和体积不会发生变化。因此，只要物质的形状和体积保持不变，就称这样的物体为固体。

　　具有流动性的水、酒精、食用油、牛奶和果汁等都是液体

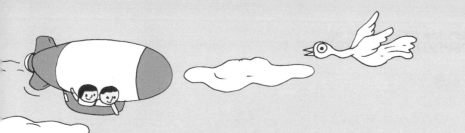

物质。液体形态的物质没有固定的形状，会根据容器的形状而改变形状，不过体积是固定不变的。

最后我们来看一下气体。气体没有固定的形状和体积。气体形态的物质会根据容器的形状而变化，还具有充满容器并四处扩散的性质。空气、水蒸气、氧气等都是气体物质。

那物质的形态是由什么来决定的呢？物质由分子构成，因此物质的形态也是由分子决定的。

根据构成分子聚集程度的不同，物质会分别呈固态、液态或气态。

为了让大家更加一目了然，我们就用圆球来表示分子吧！

固体形态的物质，分子会紧紧地贴合在一起。

固体

固体形态的物质分子间的相互作用力很强，分子间的距离很近，分子们紧紧贴合在一起，并按照一定规则进行排列。因此，固体物质的形状和体积是固定的。

气体形态的物质分子间几乎没有相互作用力，因此分子间的距离比固体和液体形态更大。气体物质的分子可以自由活动，因此气体没有固定的形状和体积。

液体形态的物质，分子间的距离比固体大，不过也不会隔得很远。

气体

气体形态的物质，分子间会隔得很远。

液体

固体、液体和气体的比较。

形态	固体	液体	气体
范例	冰块、糖、铁	水、食用油、酒精	水蒸气、氧气、氢气
特点	形状和体积固定不变，不会根据容器而改变	形状会根据容器的形状而变化，体积固定不变	形状和体积都不是固定不变的
分子间的距离	非常近	比较近，但比固体远	非常远
分子间的相互作用力	非常强	比较强，但比固体弱	几乎没有

　　液体形态介于固体和气体形态之间，但更接近固体形态，其分子间的相互作用力比固体弱，但比气体强。因此，分子间的距离比固体稍远一些，排列不规则，但分子活动也不像气体那样自由。

　　物质的形态是由分子间的距离来决定的，那分子间的距离又是因为什么而不同呢？那就是分子的运动情况。分子也会运

气体物质中的分子可以自由地运动。

动吗？当然了！不管是固体、液体还是气体形态，构成物质的分子都在不停地运动。从现在开始，我将带大家去找一下分子运动的证据。

固体物质中的分子排列得很整齐，像列队行走一样，无法自由运动。

液体物质中的分子排列不如固体物质的规则，分子运动比固体物质更自由一些。

队伍前进的样子就像分子运动。

分子的运动

　　构成物质的分子不会在原地停滞不动，而是在不停地高速运动。这种现象称为分子运动。有人肯定会质疑：分子竟然会运动，这怎么可能呢？其实，大家这样想很正常，因为分子运动是无法直接用肉眼观察到的，所以很难令人相信。虽然分子比我们原子大一些，但依然极其微小，人们用肉眼无法看到。不过，现实中有很多可以证明分子运动的证据。第一个观察到分子运动的人是英国的植物学家布朗。

1827 年，布朗用显微镜观察浮在水上的花粉时，发现花粉颗粒在不停地做不规则运动。

花粉在不停地无规则运动，这是为什么呢？

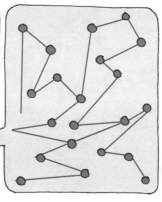

可能是因为花粉有生命才会运动。

　　布朗反复做了很多实验，发现浮在水面上的各种物质的粉末（包括花粉）都在做不规则运动。不过，他没有找到这种现象的原因。

　　科学家将该现象称为布朗运动，并努力探索其中的根源。

1877 年，在布朗运动被发现 50 年后，德尔索提出：布朗运动是因为花粉颗粒和肉眼看不到的水分子相互碰撞后引起的。1905 年，爱因斯坦对这一假设做了理论上的分析，在理论上确立了"分子运动论"，证明了分子的存在。

　　多亏了爱因斯坦的研究，全世界的人们也才承认了我们原子的存在。虽然原子极其微小，用肉眼是看不到的，但分子是由我们原子构成的，承认分子的存在就意味着承认了我们原子的存在。

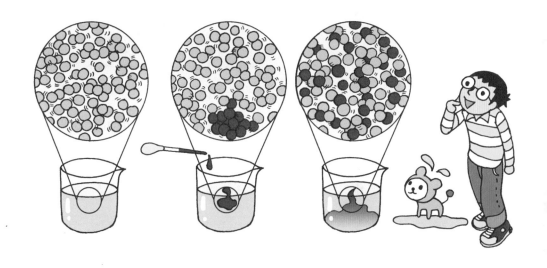

我们可以用很简单的方式来证明水分子是在不停运动的。在透明的玻璃杯中倒入一些水，然后滴入几滴红色的墨水，将水静置，不用搅拌。大家会发现，墨水会慢慢扩散，整杯水最终都会变成红色。

墨水将整杯水全都染红，是分子运动的缘故。水分子在不停地做不规则运动，同时，水分子之间会相互碰撞，水分子和红墨水中的染料分子也会碰撞。这种碰撞不断持续，红墨水中的染料分子就会逐渐均匀地渗透于水分子之间。

如果水分子不再运动，只是原地静止，红墨水中的染料分子便无法渗透于水分子之间。像这样，分子不断运动，并逐渐渗透于其他分子之间的现象称为扩散。扩散就是因为分子的运动而产生的。

妈妈做美味的饭菜时，家里到处都能闻到香味，对吧？这也是扩散现象，也是分子运动的证据。空气中的各种气体分子无规则地高速运动时，会相互碰撞，在这种碰撞下，食物的香味会逐渐均匀地扩散至空气中的各种气体分子之间。

我再告诉大家一个分子运动引起的现象吧。大家见过晒盐

的海滩吗？盐田里灌满海水后，会等待阳光将海水晒干。过一段时间后，盐田里的海水就会消失不见，海滩上只剩下盐。也就是说，水分子不见了，只剩下了盐分子。

像这样，水表面的水分子跑向空气中变成水蒸气的现象称为蒸发。蒸发现象只发生在液体表面，液体物质的分子间相互作用力变小，分子自由地运动，变成了气体。湿衣服变干，水坑里的雨水变没，这些都是因为蒸发现象。

扩散和蒸发现象就是分子在不停运动的最好证明。

构成物质的分子一直在不停地运动。在看起来很坚硬的固

体物质中，分子同样在运动。不过，分子运动会因物质形态的不同而有差异。

固体物质分子间的相互作用力非常强，因此分子无法自由运动，只能在原位置轻微地振动。液体物质分子间的相互作用力比固体物质弱一些，因此分子运动较自由，不过仍然无法与气体物质相比。气体物质的分子之间几乎没有相互作用力，因此分子运动最活跃。正因为如此，气体通常是大家抓不到摸不着的。

不同形态物质的分子运动活跃程度各不相同，按从强到弱的顺序为：气体物质、液体物质、固体物质。

分子一直在不停地运动着，如果分子运动变快或减慢，会发生什么呢？大家是不是很好奇？我们快去一探究竟吧。

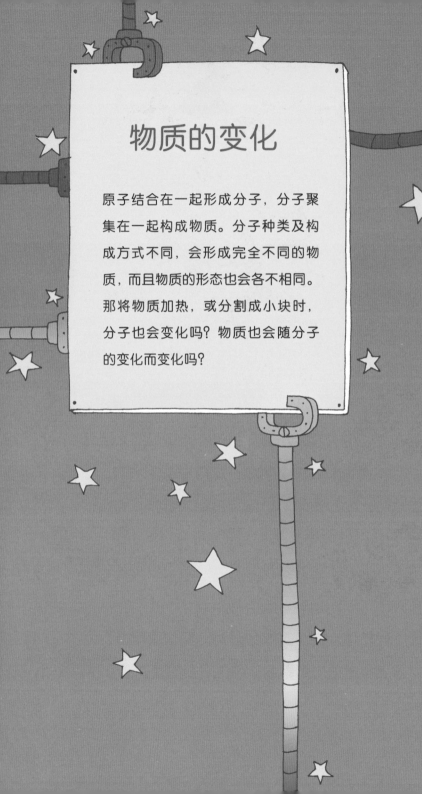

物质的变化

原子结合在一起形成分子，分子聚集在一起构成物质。分子种类及构成方式不同，会形成完全不同的物质，而且物质的形态也会各不相同。那将物质加热，或分割成小块时，分子也会变化吗？物质也会随分子的变化而变化吗？

物质的形态变化

    大部分物质都以固体、液体或气体的形态存在。对于由分子构成的物质，物质的形态是由分子间的距离决定的。分子间的距离近会形成固体，分子间的距离远则会形成气体。

固态   液态   气态

    固体形态的物质永远是固体，液体形态的物质永远是液体吗？当然不是了，大部分物质的形态都会根据条件的变化而变化。

    大家可以想一下水的情况。洗澡、饮用的水是液态的。水被放入冷冻室后会冻得很硬，变成固体形态的冰。将水放入水壶或锅中加热时，水又会变成气体形态，飞入空气中。

物质的形态会根据温度或压力等条件的变化而变化。固体会变成液体，液体会变成气体。科学家将物质在各种形态间的转变称为物质的形态变化。

那物质形态的变化是如何产生的呢？大家想一下，决定物质形态的是什么？对由分子构成的物质而言，是不是分子间的距离？分子间距离的不同决定了物质形态的不同。因此，分子间距离的变化会引起物质形态的变化。固体形态物质分子间的距离变远时，物质会转变为液体形态；液体形态物质分子间的距离变近时，物质会转变为固体形态。

不过，分子间的距离是如何改变的呢？没错，温度的变化会引起分子间距离的变化。固体形态的物质一旦受热，分子运动会更剧烈，分子间的距离就会变远。这时，固体会变为液体。如果温度继续升高，分子运动会更加剧烈，分子间的距离越来越远，这时，液体会变为气体。也就是说，物质受热后，分子运动会加剧。

物质的温度升高时，分子的运动会更加剧烈，分子间的相互作用力会减弱。这就像大家都站着不动时，会很容易手拉手，如果大家都跑起来，便很难拉住朋友的手了。

分子间的相互作用力减弱时，分子间的距离会越来越远。这时，固体形态的物质会变为液体形态，液体形态的物质则会变为气体形态。

那物质遇冷后会怎样呢？物质遇冷，会释放热量。这时，分子的运动会变慢。分子运动减慢，分子间的相互作用力会变强。因此，分子会慢慢地聚集在一起。气体形态的物质遇冷后可变为液体形态，液体形态的物质遇冷后则可变为固体形态。

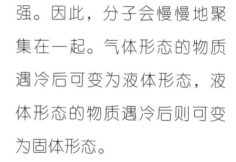

人和分子很像，人在热的时候会比冷的时候运动更活跃一些。天气寒冷时，人们更喜欢彼此靠在一起，天气炎热时，人们更喜欢分开一点。

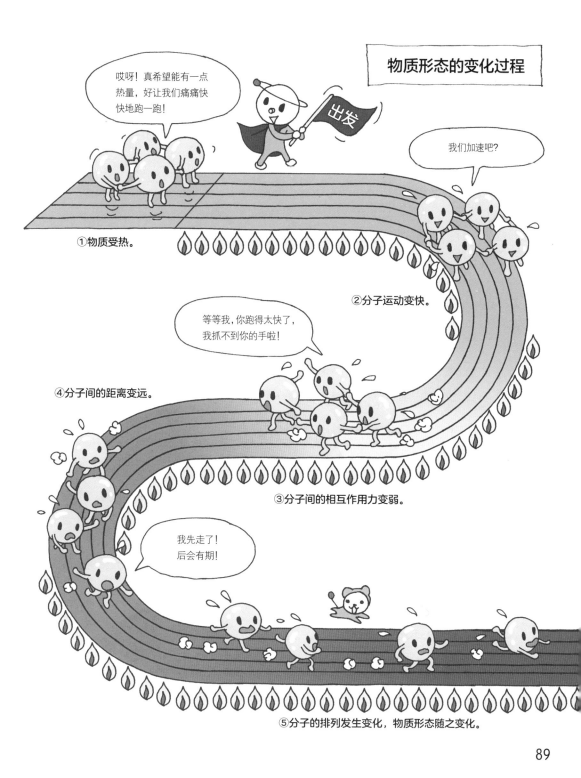

物质受热时，分子运动会变活跃，分子间的相互作用力减弱。相反，物质散热时，分子运动会变慢，分子间的相互作用力增强。

为了便于大家理解，下面我们就以冰块为例进行说明。固体形态的冰块中，分子是按一定的规律进行排列的，分子间距离近，只能在原地运动。不过，冰块受热时，构成冰块的分子的运动便开始渐渐活跃。

冰块中的分子运动变快时，分子间的相互作用力会减弱，分子间的距离变远。原本紧密地聚集在一起的分子会四处不规则运动，变得越来越自由，并逐渐变成液体形态的水。

液体形态的水受热沸腾时，水分子运动更加剧烈，水分子间的相互作用力进一步减弱。这时，水分子间的距离变得更远，液态水逐渐变成气体形态，也就是水蒸气。

温度越高，分子运动越剧烈。分子运动剧烈到一定程度时，物质形态就会发生改变。

除了受温度的影响，物质的形态还会因压力的变化而变化。物质受到的压力越大，分子间的距离越近。反之，压力越小，分子间的距离越远。

　　不过，大家所看到的物质形态变化通常是由温度的变化引起的。而且，温度对物质形态的变化产生的影响要远大于压力。因此，我只为大家介绍了温度变化条件下物质形态的变化。好了，大家已经了解了关于物质形态变化的知识，那就来找一下身边的例子吧。

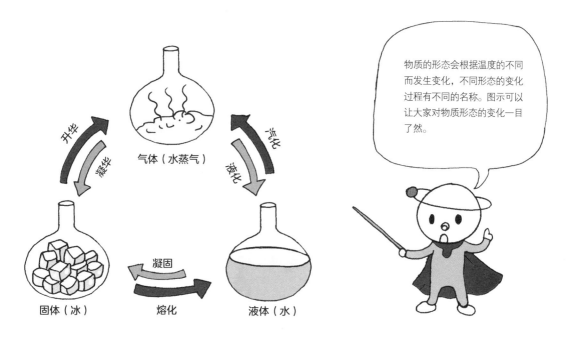

升华
凝华
气体（水蒸气）
汽化
液化
固体（冰）
凝固
熔化
液体（水）

物质的形态会根据温度的不同而发生变化，不同形态的变化过程有不同的名称。图示可以让大家对物质形态的变化一目了然。

物质的形态变化

熔化
固体变为液体。

液体

冰融化后变为水   蜡烛熔化

凝固
液体变为固体。

固体

水凝结成冰   熔化的巧克力凝结成型

液化
气体变为液体。

液体

眼镜上凝结的水汽   冷饮瓶上凝结的水滴

汽化
液体变为气体。

气体

湿衣服晾干   水沸腾后变成水蒸气

气体   固体

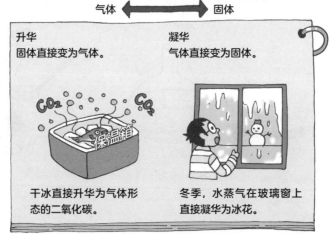

升华
固体直接变为气体。

凝华
气体直接变为固体。

干冰直接升华为气体形态的二氧化碳。

冬季，水蒸气在玻璃窗上直接凝华为冰花。

熔点和沸点

大家知道吗？虽然冰看起来都一样，实际上并不是完全一样的。换句话说，虽然冰从外表上来看没什么两样，但其实有 −30℃的冰，也有 −10℃的冰。冰的温度不同，其分子的运动状态也各不相同。因此，冰其实并不是一模一样的。

那么，如果冰的温度逐渐上升，会发生什么事情呢？冰肯定会融化，只是所需的时间不同。并不是只要一加热，冰就会融化。

冰的温度越高，其分子运动得越活跃。当冰的温度达到0℃时，其分子会逐渐开始分离，冰会逐渐融化为水。因此，不管是 −30℃的冰，还是 −10℃的冰，只要温度上升到0℃，继续受热就会开始变成水，只是所需的时间不同而已。

像这样，常温常压下固体形态的物质变为液体形态时的温度称为熔点。冰在0℃时开始变为水，则冰的熔点为0℃。

相反，水的温度逐渐降低，水分子的运动会减慢，当温度低至 0℃时，水便开始凝结。常温常压下，就像水变成冰一样，液体形态的物质变成固体形态时的温度称为凝固点。冰变为水的熔点是 0℃，而水变为冰的凝固点也是 0℃。

同一种物质在同一压强下的熔点和凝固点是同一个温度。

接下来，给水加热吧。将水倒入水壶进行加热，刚开始没有任何变化，不久后会发出咕嘟咕嘟的声音，水便开始沸腾。水的温度不断升高，达到 100℃时，液体形态的水会变成气体形态的水蒸气。像这样，常温常压下液体形态的物质变为气体形态时的温度称为沸点。

可惜水蒸气是没有颜色的气体，大家无法用肉眼直接看到。什么？你说自己看到过水蒸气？是不是水沸腾时，壶嘴里喷出的白色水汽？其实，那并不是水蒸气，那是水蒸气遇冷后重新凝结成的小水滴。液体形态的水沸腾后变成水蒸气飘向空气中，气体形态的水蒸气遇冷又重新凝结成水。像这样，常温常压下气体形态的物质变成液体形态时的温度称为液化点。不过，这个词并不常用。因为同一物质在同一压强下的液化点和沸点总是相同的，因此，人们通常只说沸点。

　　在日常生活中，水的凝固点为 0℃，沸点为 100℃。这里的日常生活环境指的是标准大气压的情况。气压变化时，熔点和沸点也会发生改变，因此要想精准表述物质的熔点和沸点，需要同时标明大气压。不过我们现在这样用会太过于

水在0℃时开始凝结，冰在0℃时开始融化。水在100℃时会沸腾，汽化成水蒸气，水蒸气在100℃时会液化为水。

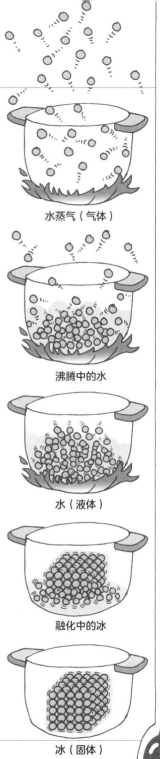

水蒸气（气体）

沸腾中的水

水（液体）

融化中的冰

冰（固体）

复杂，这里就先忽略掉大气压。如果没有特殊注明的气压，则默认气压条件为标准大气压。

通常，我们认定水的熔点为 0℃，沸点为 100℃。同等条件下，乙醇的熔点为 –114℃，沸点为 78℃。与水相比，乙醇可以在更低的温度条件下融化、凝结及沸腾。此外，铁的熔点为 1538℃，沸点为 2861℃。铁发生形态变化的温度比较高，因此大家通常见到的铁都是以固体形态存在的。

不同物质的熔点和沸点都各不相同。因此，熔点和沸点也是区分物质类别的重要特性。比如，水和乙醇都是透明的，很难用肉眼来区分。这种情况下，只要将两种液体加热就可以进行区分，在 100℃沸腾的是水，而在 78℃沸腾的就是乙醇。

那物质的熔点和沸点为何会不同呢？以由分子组成的物质为例，因为不同物质分子间的相互作用力各不相同。如果物质分子间的作用力强，要想让分子间距离变大，就需要更多的能量，也就是更多的热能。反之，分子间的作用力弱时，只需要很少的热量就能增大分子间的距离。

分子间的相互作用力强，则物质的熔点和沸点就高；分子间的相互作用力弱，则物质的熔点和沸点就低。

水分子之间的相互作用力比乙醇分子间的相互作用力强，因此，乙醇的熔点和沸点要比水的低。

物理变化和化学变化

前面我给大家讲的物质的形态变化都是物理变化。那什么是物理变化呢？物理变化指的是物质的物理性质发生变化而化学组成和化学性质不发生变化的情况。简而言之，物质发生物理变化时，自身的化学性质没有变化，只是物质的外表或形态发生了变化。

我们以水为例来看一下。水由水分子构成，水分子由 2 个氢原子和 1 个氧原子构成。不管是液态的水、固态的冰，还是气态的水蒸气，水分子的性质都是一样的。就算冰融化成水，构成冰的仍然是水分子，而且他们的化学性质是不变的，只是分子间的距离发生了变化而已。

怎么，还是不明白？大家可以想象一下，水凝固后变成冰，冰融化后又变成水，水凝固又变成冰。不管如何变化，水和冰的构成成分都是水分子。

换句话说，水的形态，也就是外表发生了改变，并不意味着水分子发生了变化，只是水分子间的距离改变了而已。因此，冰融化为水，水凝结成冰，这些现象都是物理变化。

不过，与物理变化不同的是，有些变化会让物质的化学成分和性质发生改变，从而变成另外一种或一些物质。这种变化称为化学变化。化学变化指的是构成物质的微粒发生了改变，即原子之间断开了连接，重新进行排列组合，从而形成了性质完全不同的新物质。

我给大家出一个题目。将一块粗大的木头切割成几个大木块，然后继续切割，加工成大家需要的物品，比如家具、玩具、铅笔等。这时，切割的木头会发生什么变化呢？

大大的木头被切割成小木块时，木头的体积和形状发生了变化，但固有的性质没有改变。就算被切割得再小，构成木头的分子没有变化，因此其性质也没有改变。像这样，外表或大小发生变化的现象称为物理变化。削铅笔、打磨石头、切割木头等，这都属于物理变化。

不过，如果我们将木头点燃会怎样呢？木头点燃后会形成烟尘，还会产生灰烬。当然，也会发热、发光。灰烬的成分和燃烧前的木头完全不同。换句话说，木头的性质和灰烬的性质是不同的。木头通过燃烧的过程，产生了名为灰烬的新物质。这种变化就是化学变化。木头和纸张的燃烧、食物变质、铁生锈等，这些都是化学变化。

　　对由分子组成的物质而言，分子本身不发生改变的属于物理变化，分子发生改变的属于化学变化。决定物质变化、物质形态及物质性质的，都是构成物质的分子。

不过最重要的是，如果没有我们原子，分子和物质也将不复存在。微小的原子和分子们聚集在一起构成了各种各样的物质，各种各样的物质又构成了我们这个美丽的世界。大家一定要谨记这一点哟。

结束语

同我一起畅游物质世界，大家感觉如何？

竟然有人质疑这次旅行，哎呀，难道大家没听说过间接体验吗？

虽然没有亲眼看到，但我的故事如此美妙，同样让大家身临其境，感受了原子和分子构成的神秘物质世界。

所以，大家确实是不虚此行！

我现在又要离开了，又到了我变回科学博士的时间了。

请大家期待我下次会变身成什么样子吧！

好了，再见啦！

物质和物体

人们将构成物体的材料称为物质。物质的种类繁多,不计其数,性质也各不相同。因此,很多不同的物质可以制成同一种物体,同一种物质也可以制成多种不同的物体。根据用途的不同,我们可以选用性质最适合的物质。

物质的形态和形态变化

物质通常可分为固体、液体和气体三种形态。

固体	形状和体积不会随着容器改变而改变。 分子间的距离很近,分子间的相互作用力很强。
液体	形状会随着容器的改变而变化,但体积不变。 分子间的距离较远,分子间的相互作用力较弱。
气体	形状和体积都会随着容器的改变而变化。 分子间的距离很远,分子间几乎没有相互作用力。

物质受热或散热时,其形态会随之改变,这种现象称为物质的形态变化。冰受热后可融化为水,水受热后可变成水蒸气。在热能的作用下,物质分子间的距离变大或缩小,固体会变为液体或气体,而液体也会变为固体或气体。

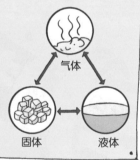

气体

固体　　　　液体

分子和分子运动

原子之间相互结合会形成分子,分子是保持物质化学性质的最小微粒。分子的种类及结合方式不同,所构成的物质也不同。分子一直在不停地运动,这种现象称为分子运动。食物的香味四处飘散,这也是分子不断运动的结果。物质的温度升高时,分子运动会加剧,分子间的距离变远,物质的形态也会发生变化。

元素和元素符号

构成物质的最基本成分叫作元素。例如，氢、氧、铁、铜等，这些都是元素。水是由氢元素和氧元素构成的。迄今为止，人类已经发现了 110 余种元素，科学家目前正努力探索研究新元素。每一种元素都有各自的名字，为了简化表示方式，元素的名字便用符号来代替。这些符号称为元素符号。例如，氢的元素符号为 H，氧的元素符号为 O。采用元素符号，各个国家的人都可以更轻松地识别元素种类。

原子

原子是物质化学变化中的最小微粒。原子极其微小，人们无法用肉眼直接观察到。如果将一个苹果放大至地球那么大，那原子就只有苹果那么大。人们虽然看不到原子，却绘制出了原子模型。原子内部存在原子核和电子，原子核是由带正电荷（+）的质子和不带电的中子构成的，位于原子的中央。带负电荷（−）的电子在原子核周围高速绕核旋转。

元素周期表

元素周期表是将元素按原子序数的顺序进行排列的表格。现在大家所用的元素周期表是英国科学家莫色勒编制的。元素周期表的每一横行叫作一个周期，每一纵列叫作一族。同一横行（周期）的元素，越往右，原子序数越大；同一纵列（族）的元素化学性质相似，就像一个大家庭。

作者寄语

透过原子探索新世界！

我们眼前的物质世界美妙绝伦，绿色的大树、清新的空气、干净的水源，还有生活在这个世界上的人类、动物、植物……

这个世界上千变万化的物质是由什么构成的呢？在很久以前，人们就对物质的本原非常好奇。经过一代代人的努力，人们终于发现了构成物质的各种基本元素。大家所熟知的金、铜、氢、氧等，都是这些元素中的一分子。

在探索物质的过程中，人们发现了用肉眼看不到的微观世界，那就是原子世界。在很长一段时间里人们都认为原子是构成物质的最小微粒，其英文名称 atom，意思就是再也无法被分割的微粒。大家可以将原子想象为非常非常微小的球。

原子就像魔术师，不同种类的原子聚集后会形成全新的物质。就像用积木可以拼出各种图案一样，不同种类的原子结合在一起会形成各种分子，也会构成各种各样的物质。原子以不同的方式互相结合就能创造出丰富多彩的物质世界，这其中的秘密就隐藏在原子世界里。

现在，大家通过原子世界，就可以对物质世界一探究竟。大家可以观察一下自己身边的物体，用塑料制成的玩具、用玻璃制成的水杯、用木头制成的椅子、用金属制成的门环，还有凉爽的水、看不到却能通过风感觉到的空气……

整个世界充满了由原子构成的物质，到处都流传着分子和原子的故事。大家不要因为这是微观世界就望而却步，试着挑战一下吧。原子的世界并不是所有人都可以随意畅游的，这么一想，它是不是更加有趣了呢?

要想感受原子世界的美好，大家需要丰富的想象力。只要肯努力，任何人都可以揭开物质世界的秘密，尽享这个世界的美好。希望本书能满足大家对物质世界的好奇心，为大家呈现一个丰富多彩、焕然一新的世界。

崔美华

讲给孩子的基础科学

电是怎样产生的？风是如何形成的？
我们的周围充满了各种神奇的秘密。
张开好奇心的翅膀，天马行空地去想象，
这是一件多么令人激动、令人神往的事情！
科学就起源于这令人愉悦的好奇心和想象力。
从现在起，百变科学博士将
变身为电子、风、遗传基因等各种各样的奇妙事物，
带您去探索身边的科学奥秘，
开启一趟充满趣味、惊险刺激的科学之旅！
来吧，让我们向着科学出发！